U0297856

优秀技术工人
百工百法丛书

王万松
工作法

热轧带钢
板形的控制

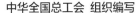

中华全国总工会 组织编写

王万松 著

中国工人出版社

技术工人队伍是支撑中国制造、中国创造的重要力量。我国工人阶级和广大劳动群众要大力弘扬劳模精神、劳动精神、工匠精神，适应当今世界科技革命和产业变革的需要，勤学苦练、深入钻研，勇于创新、敢为人先，不断提高技术技能水平，为推动高质量发展、实施制造强国战略、全面建设社会主义现代化国家贡献智慧和力量。

——习近平致首届大国工匠
创新交流大会的贺信

优秀技术工人百工百法丛书
机械冶金建材卷
编委会

序

党的二十大擘画了全面建设社会主义现代化国家、全面推进中华民族伟大复兴的宏伟蓝图。要把宏伟蓝图变成美好现实，根本上要靠包括工人阶级在内的全体人民的劳动、创造、奉献，高质量发展更离不开一支高素质的技术工人队伍。

党中央高度重视弘扬工匠精神和培养大国工匠。习近平总书记专门致信祝贺首届大国工匠创新交流大会，特别强调"技术工人队伍是支撑中国制造、中国创造的重要力量"，要求工人阶级和广大劳动群众要"适应当今世界科技革命和产业变革的需要，勤学苦练、深入钻研，勇于创新、敢为人先，不断提高技术技能水平"。这些亲切关怀和殷殷厚望，激励鼓舞着亿万职工群众弘扬劳模精神、劳动精神、工匠精神，奋进新征程、建功新时代。

近年来，全国各级工会认真学习贯彻习近平总书记关于工人阶级和工会工作的重要论述，特别是关于产业工人队伍建设改革的重要指示和致首届大国工匠创新交流大会贺信的精神，进一步加大工匠技能人才的培养选树力度，叫响做实大国工匠品牌，不断提高广大职工的技术技能水平。以大国工匠为代表的一大批杰出技术工人，聚焦重大战略、重大工程、重大项目、重点产业，通过生产实践和技术创新活动，总结出先进的技能技法，产生了巨大的经济效益和社会效益。

深化群众性技术创新活动，开展先进操作法总结、命名和推广，是《新时期产业工人队伍建设改革方案》的主要举措。为落实全国总工会党组书记处的指示和要求，中国工人出版社和各全国产业工会、地方工会合作，精心推出"优秀技术工人百工百法丛书"，在全国范围内总结 100 种以工匠命名的解决生产一线现场问题的先进工作法，同时运用现代信息技术手段，同步生产视频课程、线上题库、工匠专区、元宇宙工匠创新工作室等数字知识产品。这是尊重技术工人首创精神的重要体现，是工会提高职工技能素质和创新能力的有力做法，必将带动各级工会先进操作法总结、命名和推广工作形成热潮。

此次入选"优秀技术工人百工百法丛书"作者群体的工匠人才，都是全国各行各业的杰出技术工人代表。他们总结自己的技能、技法和创新方法，著书立说、宣传推广，能让更多人看到技术工人创造的经济社会价值，带动更多产业工人积极提高自身技术技能水平，更好地助力高质量发展。中小微企业对工匠人才的孵化培育能力要弱于大型企业，对技术技能的渴求更为迫切。优秀技术工人工作法的出版，以及相关数字衍生知识服务产品的推广，将对中小微企业的技术进步与快速发展起到推动作用。

　　当前，产业转型正日趋加快，广大职工对于技术技能水平提升的需求日益迫切。为职工群众创造更多学习最新技术技能的机会和条件，传播普及高效解决生产一线现场问题的工法、技法和创新方法，充分发挥工匠人才的"传帮带"作用，工会组织责无旁贷。希望各地工会能够总结命名推广更多大国工匠和优秀技术工人的先进工作法，培养更多适应经济结构优化和产业转型升级需求的高技能人才，为加快建设一支知识型、技术型、创新型劳动者大军发挥重要作用。

中华全国总工会兼职副主席、大国工匠

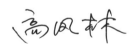

作者简介
About The Author

王万松

1973 年出生，山东钢铁集团莱钢银山型钢有限公司板带厂轧钢工，高级技师。

曾获"全国钢铁行业技术能手""中国质量工匠""山东省五一劳动奖章""齐鲁工匠""齐鲁首席技师""山东省突出贡献技师""济南市企业优秀技能人才""山钢集团首席技能大师"等荣誉和称号。

多年来，他扎根一线，成功解决了热轧带钢换辊后穿带板形不稳定、2.0mm 以下薄规格甩尾等多项技术难题，产品质量得到大幅提升，可实现年创效 5000 多万元。他参与的"热轧商用汽车大梁钢生产工艺的研究与应用"创新课题，解决了汽车大梁钢冲击韧性低、力学性能不稳定的顽疾，使该产品成功打入中国重汽等国内知名厂商。通过一系列参数调整，形成了一套完整成熟的薄规格生产技术，将产品厚度极限从 2.3mm 压缩到 1.8mm，成功开发了汽车大梁用钢、X65 管线钢、高强度车轮用钢等新产品，3 年内将莱钢宽带线品种钢比例由 59.46% 提升至 83.15%，从根本上提升了产线创效能力。

专心，专业 专注，精益求精，

匠心，成就梦想， 技能点亮人生。

王万松

目　录
Contents

引　言
Introduction

　　钢铁工业是国民经济的支柱产业，是关系国计民生的基础产业。轧制是钢铁生产中的重要一环，是钢铁产品的成材工序，其中热轧带钢在生产、生活中用途最为广泛，主要用于基础建设、机械制造、石油和天然气开采、电力行业、化工领域等，被称为"万能钢材"。

　　对于热轧带钢而言，质量控制主要包括以下四个方面：尺寸精确、板形好、表面光洁、性能高。其中板形一直是带钢产品质量控制的重点和难点，主要表现在：一是产品板形质量的好坏直接影响热轧带钢产品的后续再加工，板形不好的产品不仅会造成后续加工困难，甚至会造成生产设备的损坏；二是影响板形的因素多，单一手段控制往往效果不显著，需要多种手段综合控制；三是板形控制无法实现全自动控制，随着轧钢技术的发展，板形控制手段趋向多样化和自动化，但是，有些板形缺陷目前还无法实现自动调节，需要人工进行调整。将来，随着热轧带钢轧制速度的不断提升和产品厚度逐步减小，板形控制难度越来越大，因此，有效的板形控制手段变得尤其重要，这就要求轧钢工作者充分发挥团队优势，进行技术攻关，总结提炼出行之有效的板形控制方法。

本书主要讲述在热轧带钢生产过程中产生板形不良的原因，以及板形控制的几种方法。

第一讲

热轧带钢的生产工艺及
板形控制原理

一、热轧带钢的生产工艺

热轧带钢是以板坯（主要为连铸坯）为原料，经加热炉加热到工艺要求的温度后，由粗轧机组和精轧机组将钢坯厚度逐渐轧薄，最后轧制成目标要求厚度和宽度的带钢。轧制后经过层流冷却设备冷却至目标温度，由卷取机卷取成钢卷打包入库。

常见热轧带钢生产工艺按粗轧机组的轧制工艺来划分，有半连续式轧制工艺、3/4 连续式轧制工艺和全连续式轧制工艺，这 3 种轧制工艺的精轧机组均为不可逆连续轧制。

半连续式轧制工艺是指粗轧机组为可逆或不可逆非连续式轧制。半连续式轧机如下页图 1 所示。

3/4 连续式轧制工艺是指粗轧机组为可逆或不可逆轧制并且至少有一半的工序为不可逆连续轧制。3/4 连续轧机如下页图 2 所示。

全连续式轧制工艺是指粗轧机组为不可逆连续轧制。全连续式轧机如第 6 页图 3 所示。

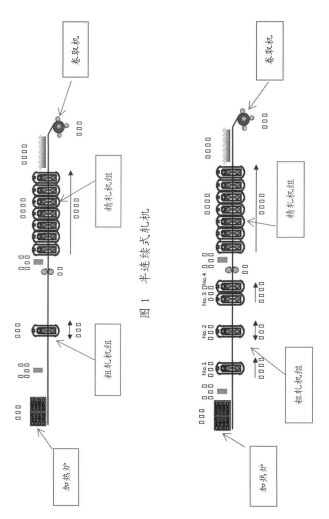

图 1　半连续式轧机

图 2　3/4 连续式轧机

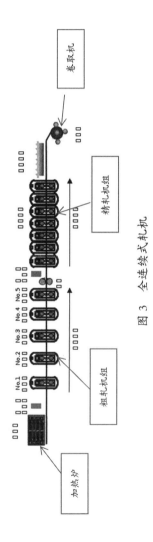

图 3　全连续式轧机

二、主要轧钢设备的组成和作用

粗轧机组由立辊轧机和平辊轧机组成。立辊轧机的作用是定宽和破鳞；平辊轧机的作用主要是将钢坯压薄，为精轧提供合格的中间坯。平辊轧机一般是四辊轧机，由两个支撑辊和两个工作辊组成，支撑辊的作用是承受工作辊传递的轧制力，提高轧机刚度，减小轧机的弹性变形量，工作辊是直接与轧件接触并进行轧制的轧辊，其辊型为负辊型，主要作用是补偿轧辊的热膨胀，保证轧出的中间坯断面形状良好。

精轧机组一般由 6 架或 7 架轧机组成，轧机一般为四辊轧机，工作辊为负辊型，有弯辊系统、窜辊系统等板形控制装置。

三、热轧板带钢的板形控制原理和方法

板形是指板带材的平直度，即浪形、瓢曲和旁弯的有无及程度。浪形和瓢曲用不平度来表示，不平度和镰刀弯的执行标准是 GB/T 709—2019。热轧

带钢不平度标准如表 1 所示，热轧带钢镰刀弯标准如表 2 所示。

表 1 热轧带钢不平度标准

公称厚度/mm	公称宽度/mm	不平度 /mm 不大于				
		规定的最小屈服强度 R_e/MPa				
		≤ 300		> 300		
		PF.A	PF.B	300~360	360~420	> 420
≤ 2.0	≤ 1200	18	9	18	23	协议
	1200~1500	20	10	23	30	
	> 1500	25	13	28	38	
2.0~25.4	≤ 1200	15	8	18	23	协议
	1200~1500	18	9	23	30	
	> 1500	23	12	28	38	

表 2 热轧带钢镰刀弯标准

产品类型	公称长度/mm	公称宽度/mm	镰刀弯 /mm 不大于		测量长度
			切边	不切边	
连轧钢板	< 5000	≥ 600	实际长度x0.3%	实际长度x0.4%	实际长度
	≥ 5000		15	20	任意 5000m 长度
带钢	—	≥ 600	15	20	任意 5000m 长度
	—	< 600		—	

四、常见的板形缺陷

热轧带钢常见的板形缺陷有：浪形、瓢曲、镰刀弯等。

浪形又分为单边浪、双边浪和中间浪，如图4所示。瓢曲是钢板在长度或宽度方向上出现的同一方向的弧形翘曲，严重的瓢曲呈船底形，如下页图5所示。镰刀弯是指钢板和钢带的侧边与连接测量部分两端点直线之间的最大距离，即带钢一侧的边缘与直线的偏离，如下页图6所示。

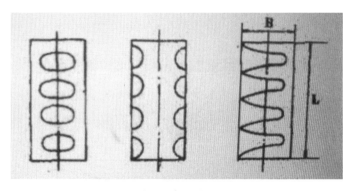

图4　浪形缺陷
（自左到右分别为：中间浪、双边浪、单边浪）

图 5　瓢曲缺陷

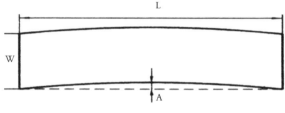

图 6　镰刀弯缺陷

五、影响板形的因素

带钢的横向厚度差（断面形状的变化）和板形的变化由轧辊辊缝形状变化引起，影响辊缝形状的因素将直接影响板形。

①弹性弯曲变形。它使辊缝中部尺寸大于边部尺寸，带钢中部产生凸度，而边部减薄，轧制力越大，弹性弯曲变形越大，热轧辊直径越大，刚性就

越好，则弹性弯曲变形越小。

②热膨胀。轧制时，轧件变形所产生的热量和轧辊与产品的摩擦所产生的热量都会使轧辊受热，而冷却润滑液又会使其冷却，沿辊身长度上受热和冷却情况是不一致的，在各种因素的影响下，轧辊中部比两端的热膨胀大，从而使其产生热凸度，影响辊缝形状。

③轧辊磨损。工作辊与带钢之间、工作辊与支撑辊之间的摩擦会使轧辊磨损，影响产品磨损的因素也有多方面，例如，产品与带钢的材质、其表面硬度和粗糙度、轧制力和轧制速度、前滑和后滑的大小以及支撑辊与工作辊之间的滑动速度等都会影响其磨损的快慢，另外，沿辊身长度方向产品磨损不均匀，这些都会影响辊缝的形状。

④弹性压扁。轧制时，在轧制力的作用下，带钢与工作辊之间、工作辊与支撑辊之间均会产生弹性压扁，影响辊缝形状的不是轧辊弹性压扁的数值，而是压扁值沿辊身长度方向的大小不同。对于

工作辊来说，如果轧制力沿带钢宽度方向均匀分布，则它的弹性压扁也均匀分布；它与支撑辊之间的接触长度大于带钢与产品的接触长度，因而，接触长度上各点的压力不相同，就使轧辊与轧辊之间弹性压扁值沿辊身长度方向也不均匀。工作辊与支撑辊之间的不均匀压扁引起了辊缝形状的变化。

⑤原始辊型（凸形、凹形或圆柱形）。轧辊原始辊型不同，可以人为地使辊缝形状不同。

六、板形控制常用方法及原理

为了有效地控制带钢板形，开发了各种控制设备和工艺技术，如原始辊型、液压弯辊、窜辊、交叉辊技术等，现代化的热轧带钢轧机上基本都配置了完备的板形控制手段和控制模型。但这些控制技术都是针对对称性的板形缺陷，如双边浪、中间浪等；而对于非对称性的板形缺陷，如单边浪、跑偏等，目前轧机普遍缺乏相应的控制手段，生产中操作工需要根据实际轧制情况进行及时干预，人的干预调整具有较大的不确定性和误差。以下为3种最常见的板形控制方法及原理。

1. 工作辊原始辊型控制板形

粗轧时，因轧件较厚，温度较高，轧件对不均匀变形的自我补偿能力较强，不必过多考虑板形等问题，但对于精轧，尤其是轧制较薄的规格时，对不均匀变形的自我补偿能力差，即使绝对压下量较小的差异，也会造成相对延伸量显著不均，产生浪形缺陷和瓢曲缺陷。为保证板形良好，必须遵循板凸度一定的原则，为了使轧制稳定，就要求轧制过程中有一定的辊缝凸度，如下页图7所示。过小的辊缝凸度难以控制轧件的稳定性，而过大的辊缝凸度，又会造成沿带钢宽度方向上厚度偏差的增大，为了在轧制过程中保持合适的辊缝凸度，必须合理考虑轧辊的热膨胀，轧辊的磨损，轧辊的弯曲弹性、压扁等变化，为了补偿这些变化对辊缝的影响，需要合理地设置轧辊的原始辊型，因此热轧带钢轧机辊型均采用负辊型，如下页图8所示。

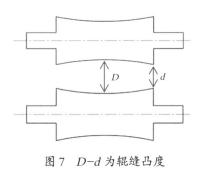

图 7   D−d 为辊缝凸度

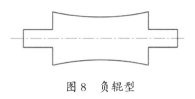

图 8   负辊型

2. 轧辊轴向窜动控制板形

在热轧带钢生产中，精轧工作辊轴向窜动有两种作用，一种作用是控制板形，轧辊形状像花瓶，上下轧辊反方向安装，一般应用在精轧机组中前F1~F3 轧机上，通过轧辊轴向窜动控制辊缝形状，从而实现对轧件的断面形状控制，按照板凸度一定的原则，最终实现产品板形最佳。另一种作用是实现轧辊辊面磨损均匀，主要应用在精轧后段轧机上。窜辊对板形控制的原理如图9所示。

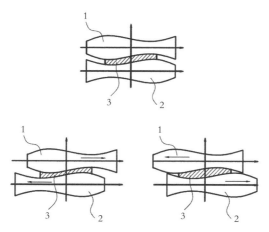

图9　窜辊对板形控制的原理
1-上工作辊；2-下工作辊；3-轧件断面

3. 弯辊控制板形

在热轧带钢轧制过程中，弯辊装置利用外力弯曲工作辊，工作辊弯辊抵消工作辊因受轧制压力作用产生的挠曲，从而改变辊缝形状，实现对板形的控制，主要实现对凸度、中间浪和双边浪的控制。

第二讲

"一调"热轧带钢粗轧中间坯板形的调整方法

一、影响粗轧中间坯板形质量的因素

在热轧带钢生产过程中，粗轧中间坯经常出现镰刀弯和"S"弯的现象。要想保证板形良好必须遵循板凸度一定和横向压下率相等的原则，因此，粗轧中间坯板形的好坏，直接影响成品的板形质量，例如，成品出现镰刀弯，精轧轧制过程中跑偏堆钢、刮框、甩尾等生产事故，都与粗轧来料板形有很大关系。

热轧带钢生产中，中间坯出现镰刀弯或"S"弯是非常普遍的现象，造成这种现象的原因有很多。

①钢坯加热温度的均匀性，特别是沿宽度方向的温度均匀性，温度沿宽度方向不均匀，会造成传动侧和操作侧延伸不均匀，产生镰刀弯或"S"弯。

②设备的对中性，轧机前后推床、立辊轧机和平辊轧机轧制中心线出现偏移，会产生镰刀弯。

③粗轧工作辊的轴向窜动，特别是在轧钢过程中的轧辊窜动，会造成轧件在变形过程中的不稳定，出现轧件随轧辊窜动的现象，产生板形问题；

其中，温度的均匀性，对粗轧板形影响相对较小，因为温度不均匀，可以通过加热炉的温度进行调整，轧辊两侧辊缝不一致，可以通过操作工的精心操作来避免。

因此，立辊对轧件压下夹持的稳定性和平辊的轴向窜动是造成中间坯产生镰刀弯和"S"弯的主要原因，通过实验也验证了这一点。

热轧带钢轧制中粗轧一般是可逆式轧机，由于轧辊不断改变转动方向，会造成辊系的不稳定，极易产生轧辊轴向窜动；立辊对轧件夹持会随着轧制坯料厚度的减小和轧制速度的增加，不稳定性增加，减宽量稍有增加，轧件会出现侧立现象，造成板形的不稳定。因此，把解决轧件在立辊中的不稳定性和平辊的轴向窜动，作为解决中间坯的镰刀弯和"S"弯的突破口。

二、中间坯板形的控制方法

热轧带钢生产中，粗轧轧辊轴向窜动是一个顽疾。产生轧辊轴向窜动的原因是轧辊受到了轴向力，在轧制过程中，轧辊受轴向力无法避免，因此，要想减小轴向窜动，就要增大制约轴向窜动的阻力。粗轧下工作辊位置相对固定，通过定期紧固卡板螺栓，减小工作辊卡板间隙的方法增大轴向阻力。上支撑辊和上工作辊随着轧制道次的改变径向位置不断改变，易产生轴向窜动，上辊的最大窜辊量可达 20mm。过去上、下工作辊的辊型均为 $-250\mu m$，支撑辊为平辊辊型，这样工作辊和支撑辊之间在没有轧制压力时是点接触（如下页图 10 所示），工作辊和支撑辊之间摩擦阻力很小。为了增大摩擦阻力，将下工作辊辊型修改为 $-200\mu m$，上工作辊辊型改为 $-300\mu m$，上支撑辊辊型由平辊改为 $+300\mu m$，下支撑辊辊型改为 $+200\mu m$，由此增大了上、下工作辊和支撑辊之间的接触面积，工作辊和支撑辊之间由点接触变为弧面接触（如下页图 11 所示），增大了轴向阻力。

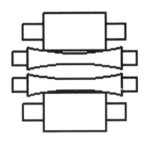

图 10 改进前是点接触

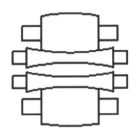

图 11 改进后为弧面接触

轧件在立辊中轧制时，有时会产生向上侧立的现象（如下页图 12 所示），主要是板形不平直，轧件在立辊辊面上顺着辊面向上滑动一段距离，造成板形不稳定，在粗轧轧制过程中受钢温、变形不均匀等因素的影响，板形不可能绝对平直，因此，只有从增大轧件向上滑动的阻力作为解决问题的导向，把立辊锥度原来的 2°修改为 4°（如图 13 所示），增大轧件向上滑动的阻力。

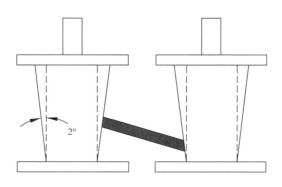

图 12　改进前产生向上侧立的现象

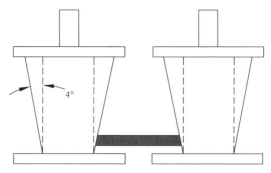

图 13　改进后增大轧件向上滑动的阻力

三、效果验证

通过辊型改进，解决了粗轧机平辊轴向窜动大的问题，轧辊轴向窜动量由原来的 0~20mm 变为 0~10mm；轧件在立辊中的侧立现象基本消除，中间坯的镰刀弯和 "S" 弯明显改善，最后的成品板形质量明显提高，精轧甩尾、刮框现象明显降低，因跑偏堆钢数量由原来的每月 60t 左右，降低至 20t 左右，使成材率提高 0.025%，生产效率明显提高。

第三讲

"二调"提高换辊后轧机零调精度的两种方法

一、提高换辊后零调精度的重要意义

热轧带钢生产中，按照生产工艺的要求，根据轧辊轧制的数量或过钢公里数，定期进行工作辊和支撑辊的更换，更换轧辊后，由于轧辊直径的变化，支撑辊轴承性能的差异轧机需要重新进行零调。零调是否精确，对于精轧机的正常轧制具有重要意义，因为在轧制过程中的辊缝设定、液压AGC反馈调节都是以辊缝零位为依据，如果辊缝零位确定不准，必然会给轧制带来不利影响。从零调的整个过程看，轧机零调一是为了找到一个合适的位置作为辊缝零位，从而为辊缝的设定和控制提供一个基准；二是为了将工作辊调到水平状态，为带钢的顺利轧制创造条件。理论上，当传动侧和工作侧零调压力差为零时，轧辊处于水平状态，对轧制最有利，而在实际生产中直接按理论最佳压力差为零设置辊缝，轧制很不稳定，跑偏现象严重，甚至出现堆钢。

换辊后，轧机进行自动零调，在压靠过程中，如果传动侧和操作侧有压力差，AGC压下系统会自动调整两侧压下量，直至两侧压力差为零，轧辊压靠至两侧和压力为1000t时，辊缝自动清零，此位置为辊缝零位。在实际轧制中，并非零调时工作侧和传动侧压力差为零时最有利于带钢轧制，主要是受来料板形和温度两侧不均匀，轧机工作侧和传动侧的刚度不同，两侧刚度曲线存在交叉等因素的影响，实际生产中按两侧压力偏差为零的理论最佳位置过钢，就会出现轧机两侧弹性变形量不同，造成两侧实际辊缝不同，轧件两侧变形量不同，会产生浪形、镰刀弯影响轧制的稳定性。因此，在轧机自动零调完成后，要根据不同轧机实际过钢经验参数的积累进行相应的辊缝调整。

二、提高换辊后零调精度的方法和操作要点

通过长时间的经验积累，总结出了辊缝调整方法——"四结合平衡法"和"三结合平衡法"。

1. 只更换工作辊时辊缝的调整方法——"四结合平衡法"

更换工作辊后，选择自动零调方式进行零调，零调结束辊缝自动抬至 19mm 的位置，在"自动零调"模式下，通过操作台面的手动手柄压下轧辊，压至两侧和压力 1000t，此时辊缝也为零，两侧辊缝偏差也为零，根据"四结合平衡法"即：根据前几次换辊后稳定轧制时的传动侧和操作侧的"AGC 的磁尺位置偏差""辊缝偏差""压磁仪压力偏差"和"AGC 油压差"相结合进行单边调整。先按"AGC 的磁尺位置偏差"调整到位，比较在"AGC 的磁尺位置偏差"相同情况下的"压磁仪压力偏差"，如果这两项数值和前几次数值相近，按"AGC 的磁尺位置偏差"确定辊缝位置，如果"AGC 的磁尺位置偏差"相同，"压磁仪压力偏差"较前几次的数值偏差较大，再比较"辊缝偏差"和"AGC 油压差"，进行单边调整，采取折中平衡取值，防止四项值与前几次的数值偏差过大，确保传动侧和操作

侧辊缝偏差不至于过大，造成跑偏堆钢。穿带完成
稳定轧制 4~5 支钢后，再手动压下轧辊至两侧和压
力 1000t，观察并记录稳定轧制状态下的"AGC 的
磁尺位置偏差""辊缝偏差""压磁仪压力偏差"和
"AGC 油压差"，以便下一次换辊后作为辊缝调整
的参考依据。每次压靠"AGC 的磁尺位置偏差""压
磁仪压力偏差"都要做好记录，作为数据积累，以
备下次零调时使用（如图 14 和下页图 15 所示）。

图 14　精轧零调记录表

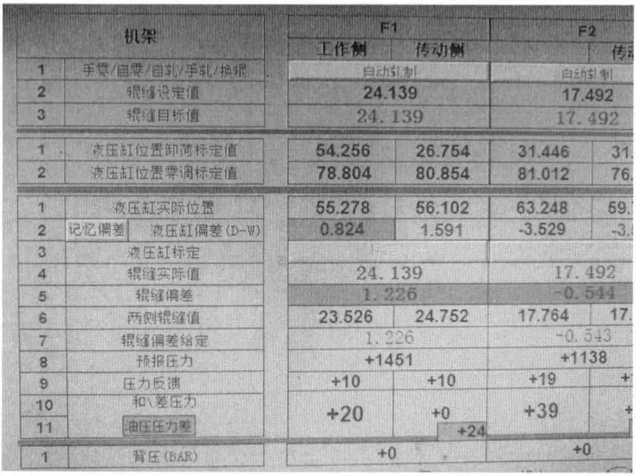

图 15　"AGC 的磁尺位置偏差""辊缝偏差""压磁仪压力偏差"
"AGC 油压差"HMI 画面

2.工作辊和支撑辊同时更换时辊缝的调整方法——"三结合平衡法"

如果工作辊和支撑辊同时更换，由于更换前后支撑辊轴承座尺寸和间隙的变化，"AGC 的磁尺位置偏差"已经没有参考价值，零调后辊缝调整参考"辊缝偏差""压磁仪压力偏差"和"AGC 油压差"，主要是按照"压磁仪压力偏差"作为依据，"辊缝偏差"和"AGC 油压差"仅作为参考。

此项操作法的操作要点，一是零调时要确保窜辊在零位；二是 AGC 液压缸位置要相对固定；三是手动压靠时要在零调模式，避免压力过大，造成轧辊损伤，零调模式下压力超过 1200t，AGC 会自动卸荷，起到保护作用；四是调整时参考依据要有主次之分，只更换工作辊要以"AGC 的磁尺位置偏差"和"压磁仪压力编差"为主，"辊缝偏差"和"AGC 油压差"为辅，工作辊和支撑辊同时更换时，要以"压磁仪压力偏差"为主，"辊缝偏差"和"AGC 油压差"为辅。

三、效果验证

此项零调方法是经过长达几年的时间总结出来的，其可靠性经受住了实践的检验，效果非常好，按照此方法零调穿带，F1~F7 单边调整量均在 0.3mm 以内，换辊穿带成功率 100%，穿带产品合格率 95%，在国内同类型轧机中处于领先水平。

第四讲

"三调"压磁仪故障状态时
轧机的零调方法

一、压磁仪故障对轧机零调和生产的影响

压磁仪通常又称为压头，一般安装在轧机底部，传动侧和操作侧各一个，是一种用于测量轧制压力的仪器，轧机辊缝的零调都要靠轧制压力的测量和计算来完成。压磁仪也是实现轧制自动化和带钢厚度自动控制的关键设备。在轧机零调时，利用压磁仪测量的传动侧和操作侧的和压力为 1000t 时（不同轧机零调压力不同），将辊缝清零，作为辊缝设置的基准位置。轧制压力的测量是实现轧机零调的必要条件，可以说，没有轧制压力的测量，就无法实现轧机的零调，也就无法进行生产。

由于压磁仪安装在轧机底部，长期在高温、潮湿和几千 t 压力下工作，环境恶劣，日常检查和维护极不方便，压磁仪很容易出现故障。压磁仪技术含量高，价格昂贵，一个压磁仪价格在 40~50 万元，修复一个压磁仪价格在 15 万元左右，因此，很多轧钢生产厂家压磁仪备件不充足，一旦压磁仪出现故障，在没有备件的情况下只能被迫停产。在

压磁仪无法正常使用的情况下，为了不停产，被迫采用抛轧机的方法，这样操作虽然实现了不停产，但是投入的机架数目少，无法生产薄规格产品，因此，采用此种方法也只是一种应急措施。如何实现无压磁仪零调，成了攻关的一个课题。经过长时间的数据积累和实验，探索出了一种无压磁仪零调方法。

二、压磁仪故障状态下的零调方法和操作要点

为了解决压磁仪出现故障无法进行零调的难题，对压磁仪测量的轧制压力和 AGC 无杆腔油压之间的关系进行对比分析，经过长时间的跟踪观察和计算分析，找出了轧制压力和 AGC 无杆腔油压之间的数量关系，压磁仪检测的轧制力等于 AGC 无杆腔油压产生的压力和轧辊总重力之和，因此，通过 AGC 无杆腔油压和无杆腔底面积就能换算出油压产生的压力，可用以下公式表示。

$$F_{轧制}=P_{无杆腔油压压强} \times S_{无杆腔底面积}+G_{轧辊总重力}$$

式中，$S_{无杆腔底面积}$是固定值，$G_{轧辊总重力}$变化不大，

无杆腔油压可以通过油压传感器测量，这些参数确定后，编写计算轧制压力的程序。在 HMI 画面上增设了"使用压强压力"键（如第 38 页图 16 所示）。在零调画面增加"油压压力差"键（如第 39 页图 17 所示）。在压磁仪正常时，只要不选择"使用压强压力"键，系统就默认使用压磁仪压力进行零调，当压磁仪出现故障时选择"使用压强压力"键进行零调。

以下为油压零调的两个操作要点。

①该方法只是在某架轧机一个压磁仪出现故障时使用，因为 AGC 液压缸在动作时，油压波动较大，所以油压计算出的轧制压力波动很大。如果轧钢过程中用油压计算轧制压力，由于油压波动大会造成轧制压力瞬间增大现象，甚至超出 AGC 锁定或卸荷值，出现 AGC 锁定或卸荷，造成堆钢等生产事故。在 HMI 画面做"一拖二"（用正常压磁仪代替有故障压磁仪）键（如第 38 页图 16 所示），一个压磁仪出现故障，选用油压零调，零调完成后

点击"一拖二"键，就不会产生油压波动造成轧制力超限现象。当某架轧机出现两个压磁仪都有故障时，虽然能进行油压零调，但无法进行正常生产。

②采用油压压力零调的轧机，要在"手动零调"方式下进行（如第39页图17所示），因为油压波动频繁，零调时要在轧机转动平稳、油压波动较小时进行辊缝清零，油压压力会产生零漂现象，所以油压压力要定时清零标定，HMI画面有清零标定"压强压力标定"键（如下页图16所示）。

三、效果验证

采用油压压力零调，解决了压磁仪故障无法零调的难题。油压压力零调方法能够满足生产的需要，在长期使用中未出现因零调问题造成的生产事故，为备件的准备赢得了时间，减少了故障停机，提高了生产效率。由于油压的波动，零调精度没有采用压磁仪压力零调精度高，有时穿带调整量达到1mm，因此，油压压力零调只能作为应急措施。

图 16　HMI 画面

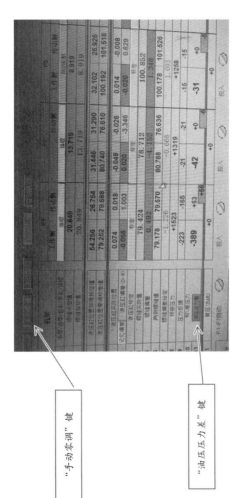

图 17 零调画面

第五讲

"四调"换辊后首支穿带钢的
板形调整方法

一、换辊后首支穿带钢板形调整难点

热轧带钢轧机更换轧辊后，轧制的第一支钢称为穿带钢。换辊后穿带钢板形一般很难控制，容易出现各种浪形，板形和尺寸命中率均较低。

造成穿带钢板形差的原因有以下几点。

①在换辊时间内，穿带钢钢坯处在加热炉门口处，由于加热炉吸冷风，钢坯靠近炉门口一侧温度较另一侧温度偏低。

②粗轧更换工作辊后，第一支钢中间坯经常会产生镰刀弯，由于板形的遗传性，到精轧也会产生较大的镰刀弯。

③精轧零调精度不高，辊缝单边调整量较大。

④换辊后轧制模型需要重新自学习，比如弯辊力大小、CVC 轧机窜辊量、负荷分配、活套高度等参数设定都会存在不合理的情况。

⑤新上机轧辊表面摩擦系数小，轧件在轧机内不稳定。

因此，解决穿带钢板形差的问题是一个系统性工作，需要从多个方面进行控制。

二、换辊后首支穿带钢板形调整方法及原理解析

1. 保证钢温的均匀性

换辊前提前通知加热炉，将换辊后首支穿带钢钢坯移至离炉门口相对较远的位置，一般要后移5~6个步距，减小加热炉门口吸冷风对钢温均匀性的影响。

2. 保证粗轧中间坯板形良好

粗轧换辊后，受零调精度的影响，中间坯会产生镰刀弯，因此需要提高粗轧机的零调精度。在自动零调后，手动压至零调压力，让轧机带负荷运转3min以上，重新调整传动侧和操作侧压力差，压力差要调整至 ±30t 以内。过钢时，操作工要勤观察、勤调整，可适当减小推床的开口度，增大推床的夹持力，减小镰刀弯。

3. F7 采用微中浪轧制

轧件在成品轧机中采用微中浪轧制，如果成品

轧机零调不好，轧件在成品机架内变形就会不均匀，一边延伸大，一边延伸小，从而产生单边浪，如果此时两边的延伸大于中间的延伸，这样单边浪的程度会进一步加剧，使轧件跑偏更加严重，如果采用微中浪轧制，会适当减小两侧延伸差，减小单边浪的程度。因此，穿带时可适当增加成品机架的弯辊力，F1~F3 CVC 板形控制轧机可使其窜辊向负的方向窜，增大 F1~F3 出口板形凸度（有的轧机往负方向窜是减小凸度）。轧制换辊后首支钢，F7 负荷不宜过大，如果该轧机变形量过大，会加剧变形的不均匀性，使板形进一步恶化。换辊后，模型自学习要重新开始，各种板形控制参数存在很大的不确定性，为了控制成品机架弯辊力大小、F1~F3 的窜辊量和 F7 轧机的负荷，在二级画面增加模型设定干预画面（如下页图 18 所示），可以凭经验对相应参数进行限幅，在人工干预下实现板形改善。

4. 减小后机架轧机的活套量

由于是首支钢，模型自学习需要重新开始，模

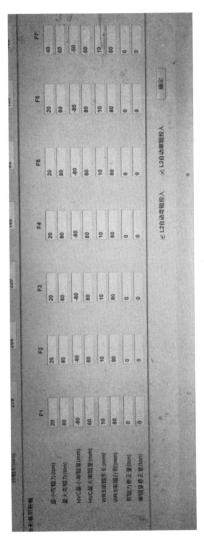

图 18　弯、窜辊限幅画面

本辊型数据	F1	F2	F3	F4	F5	F6	F7
最小弯辊力(ton)	20	20	20	20	20	20	40
最大弯辊力(ton)	80	80	80	80	80	80	80
HVC最小窜辊量(mm)	-80	-80	-80	-80	-80	-80	-60
HVC最大窜辊量(mm)	80	80	80	80	80	80	50
VdR工作辊移动长(mm)	10	10	10	10	10	10	10
VdR支承辊(行程)(mm)	80	80	80	80	80	80	80
新弯辊力修正量(ton)	0	0	0	0	0	0	0
新窜辊修正量(ton)	0	0	0	0	0	0	0

☑ L2自动弯辊投入　　☑ L2自动窜辊投入　　确定

型设定存在一定的不合理性，压下量分配、各轧机速度的不合理，会造成活套量过大的情况，活套量大，轧制速度快，遇到轧件跑偏，会使板形变得极差，甚至造成叠套立钢，造成堆钢事故。为防止套量太大，在 HMI 画面加设头部速度补偿人工干预，如图 19 所示，首支穿带钢 F5~F7 的穿带速度补偿最大可增加到 5%，一般增加到 3%，有效减少了头部咬入起大套立钢的情况。

图 19   头部速度补偿画面

三、效果验证

针对换辊后首支穿带钢板形控制难度大的问

题，经过多年的经验积累和总结，提炼出以上控制方法，实际效果非常显著，主要表现为：穿带过程平稳，浪形和镰刀弯明显减少，穿带钢的一次检验合格率由 2021 年的 80%，提高到 2022 年的 95%。

第六讲

"一控"热轧带钢薄规格甩尾控制的研究与应用

一、甩尾对热轧带钢生产造成危害

热轧板带钢生产中，评价一条生产线能力的高低，其中一个重要指标是能够轧制的最薄规格，因为规格越薄，轧制难度越大。轧制难度大，体现在薄规格甩尾，薄规格甩尾是热轧带钢产线共有的技术难题。甩尾是指带钢尾部离开轧机时，甩向一侧或向上飞翘，导致尾部折叠轧过下一架轧机的现象。甩尾后容易造成轧辊粘钢、凹坑、带钢尾部撕裂、破碎甚至飞出碎片，带卷尾部破烂不堪，连续生产可能造成批量质量缺陷。

造成甩尾的原因主要有以下 5 点。

1.温度均匀性的影响

薄规格轧制周期长，尾部温降大，为了保证厚度，温度降低后，轧机的压下量变大，不均匀变形增加，轧件越薄，不均匀变形敏感性越强，轧件在高速运行中快速压下，稍有变形不均匀，就会偏向一侧，造成甩尾。常说热轧就是轧的温度，这一点在薄规格轧制中更能得到体现，轧制薄规格加热温度要好，主要是指钢坯温度的均匀性，现在的产线一般有两个甚至更多个加热炉，每个加热炉的炉况不同，钢坯的加热温度就会有差异。因此，轧制薄规格时会出现一个炉子加热的钢坯轧制稳定，另一个炉子钢坯就频繁甩尾，主要是钢温不均匀造成的。

2. 侧导板的对中性和开口度的影响

侧导板在轧制中起到引导轧件的作用，如果侧导板有间隙，对中性不好，就会造成上游机架抛钢后，轧件顺着侧导板偏向一侧，由于速度快，轧件就会挂在侧导板上叠起，在下游轧机中轧烂，侧导板开口度太大，起不到对轧件的引导和夹持作用，轧件自由度大，上游机架抛钢后轧件就会偏向一侧。

3. 活套控制功能不合理

活套控制功能不合理主要表现在两个方面：一是小套方式角度太高，本机架抛高时，活套由小套方式下落，带钢的速度快，在活套还未落到位时，带钢突然失张，极易在下一机架造成甩尾；二是活套执行太快，在正常情况下，本机架抛钢时，活套开始由小套位置下落，由于活套下落动作过快，加上惯性，活套落得太低，轧件尾部还未离开活套前，活套已落到等待位以下，造成带钢尾部打在入口导卫底板上，在反作用力下，飞起进入轧机造成尾部轧烂。

4. 中间坯存在镰刀弯或"S"弯

由于粗轧轧制的不稳定，中间坯头尾产生镰刀弯或"S"弯，镰刀弯或"S"弯会遗传，随着轧件变薄，镰刀弯急剧扩大，造成尾部在下游机架倾斜，在下游机架出现甩尾、轧破等事故。

5. 抛钢速度过快

带钢尾部抛钢速度太快，加上张力的突然消失，轧件尾部会有向上卷起的趋势，此时如果轧件两侧稍有延伸不均匀，就会打在侧导板上造成尾部叠起，进入下游机架轧烂，产生烂尾现象。

二、薄规格热轧带钢甩尾原因分析及控制措施

根据对薄规格甩尾原因的分析，结合实际操作经验总结出了以下 4 条解决办法。

1. 尾部降速

轧制 2.5mm 以下薄规格，采用尾部降速功能，即 F3 抛钢 F4 开始降速，F4 抛钢 F5 降速，依次类推至 F6。越往后降速程度越大，尾部的减速度范围在 0.3~0.5m/s^2。在 HMI 一级画面上设置修改窗口（如第 55 页图 20 所示），操作人员可以根据规格变化，进行数值修改，实现尾部降速的自动控制。

2. 加热温度分段控制

轧制 2.5mm 以下薄规格，为了减少甩尾，加热炉对钢坯的温度进行分段控制，由于热卷箱的使用，中间坯保温效果较好，为保证头部穿带的稳定性和减少甩尾，钢坯加热时，使两端加热温度较中间高约 15℃，用以补偿轧制过程中头尾的温降。

3. 优化小套控制精度

针对薄规格带钢轧制，将 L4/L5/L6 活套的小活

套启动时序提前一个机架，即将 L5 活套从原来的
F3 机架抛钢提前到 F2 机架抛钢，L6 活套从原来的
F4 机架抛钢提前到 F3 机架抛钢，最终保证带尾在
每个机架都平稳抛钢，小套方式修改画面如下页图
20 所示。

4. 根据轧制中心线偏移进行干预调整

平时操作中发现，轧件尾部离开 F3 或 F4 轧机
时，成品轧机后面的多功能仪检测的轧件中心线向
哪个方向偏，到尾部那一侧就会甩尾轧烂，如果轧
件中心线不偏移，就不会甩尾，根据这一规律，总
结了一种调整方法，即当轧件尾部出 F3 或 F4 时，
观察轧件中心线的偏移情况，根据中心线的偏移趋
势，提前对 F5、F6、F7 的单边进行调整，轧件中
心线向传动侧偏，F5、F6、F7 操作侧辊缝就抬起一
些，反之就按相反的方式调整，轧件中心线曲线如
第 56 页图 21 所示。

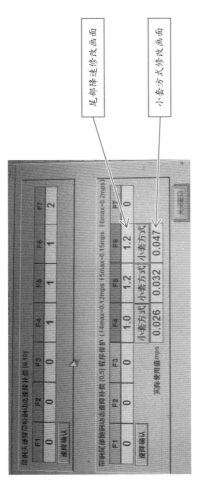

图 20 HMI 一级画面

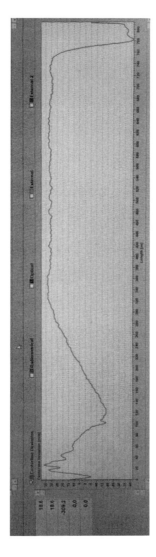

图 21　轧件中心线曲线

三、效果验证

以上控制甩尾措施的实施，薄规格甩尾现象明显减少。据统计，2021年我们生产线轧制2.3mm以下薄规格8.7万t，甩尾次数252次，月均甩尾21次，因甩尾造成故障停机时间全年累计6800min。2022年，我们把降低薄规格甩尾作为攻关课题，进行技术攻关，总结制定出了以上控制措施，取得较好的效果，全年生产2.3mm以下薄规格8.5万t，甩尾次数共108次，月均甩尾9次，因甩尾造成的故障停机时间累计2600min，较2021年分别降低了57%和61%。

后　记

　　创新是一个民族进步发展的动力和灵魂，创新是一个国家兴旺发达的不竭动力，是中华民族最深沉的民族禀赋。在激烈的国际竞争中，唯创新者进，唯创新者强，唯创新者胜。当今社会飞速发展，创新尤为重要，有创新精神的国家，才能立于世界强国之林；有创新精神的企业，才能在激烈的竞争中立于不败之地；有创新精神，人才有未来。中国是一个有14亿人口的发展中国家，由于历史原因，中国在很多高科技领域还落后于人，科技创新可以减轻我国对外国的技术依赖，打破发达国家的技术壁垒，科技自主才能最大限度地保证国家独立，这是自强的根基所在。因此，加快我国的自主创新能力，对我国的发展至关重要。

　　我作为一名在钢铁战线上工作了近30年的老职工，亲眼见证了钢铁工业的飞速发展，也深深地被日新月异的科技进步所震撼，深深地体会到知识的重要性、创新的重要性。我作为企业的一名劳模工匠，是在企业培养下成长起来的，我对企业怀有深深的感恩之心。工作中我和身边的工友一道，不断学习新知识，掌握新本领，创新性地开展工作，总结出了一大批解决生产难题的新方法、新技巧，为企业创造了价值，为企业的发展贡献了力量。

　　以上是我在工作中对创新的理解和体会，有很多不足之处，希望大家批评指正，提出宝贵意见！

王万松

2023 年 5 月

图书在版编目（CIP）数据

王万松工作法：热轧带钢板形的控制 / 王万松著. —北京：中国工人出版社，2023.7
ISBN 978-7-5008-8234-3

Ⅰ.①王… Ⅱ.①王… Ⅲ.①热轧－带钢－板形控制 Ⅳ.①TG335.5

中国国家版本馆CIP数据核字（2023）第126491号

王万松工作法：热轧带钢板形的控制

出 版 人	董 宽	
责 任 编 辑	时秀晶	
责 任 校 对	张 彦	
责 任 印 制	栾征宇	
出 版 发 行	中国工人出版社	
地　　　址	北京市东城区鼓楼外大街45号　邮编：100120	
网　　　址	http://www.wp-china.com	
电　　　话	（010）62005043（总编室）	
	（010）62005039（印制管理中心）	
	（010）62046408（职工教育分社）	
发 行 热 线	（010）82029051　62383056	
经　　　销	各地书店	
印　　　刷	北京市密东印刷有限公司	
开　　　本	787毫米×1092毫米　1/32	
印　　　张	2.5	
字　　　数	35千字	
版　　　次	2023年8月第1版　2023年8月第1次印刷	
定　　　价	28.00元	